森巴STEM

太陽與月亮的知識

編繪 姜智傑

登場人物介紹

森巴

來自非洲森林的5歲小男孩,習慣了森林生活,因此不擅説話,但運動能力極強。家中住着一大羣自幼認識的動物朋友,過着無憂無慮的日子。

小剛

平凡普通的小學生,但森巴不懂城市生活的細節,往往為他帶來麻煩。不過他心底裏卻是非常愛護這位頑皮的弟弟。

太陽王子辛辛

太陽神之子,好勝心強,可隨意控制火的大小,也懂得分身。每年暑假會到一個星球觀光,在月球上對月亮女王一見鍾情。

流星人

宇宙送貨員,受太陽王子辛辛所託,來地球邀請森巴和小剛到月球旅行。

太陽神

辛辛之父,因為辛辛遲遲不返回太陽而發怒,令地球氣溫不斷升高。

月亮女王彎彎

管理月球的女王,雖然年紀很大,心境仍保持青春,吸引一眾追求者,要舉辦新郎大抽獎選出夫婿。

土星皇帝

被月亮女王的美貌所吸引,誓要娶她為妻。

月兔

住在月球上的生物,跑得快,還懂得扮鬼臉。

目錄

很熱啊～～

森巴你想釣魚
釣到何時？
我們已逗留了
三個小時……

喝～～

你啊，不要隨處睡覺，很不衛生！

呀——

大家請放心，太陽仍在啊。

幾分鐘後便會變回白天。

讓我解釋一下這個天文現象吧……

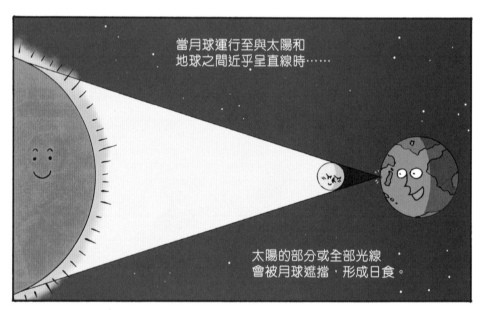

當月球運行至與太陽和地球之間近乎呈直線時……

太陽的部分或全部光線會被月球遮擋，形成日食。

原來只是天文現象……

啊！請不要用肉眼直接望向太陽，會傷害眼睛的！

要怎樣做？

可用有減光設備的天文望遠鏡，或針孔投影盒等方法。

不過天文台一向都會預測到日食的時間……

讓人有所準備觀賞日食。

不知道為甚麼今天會突然出現日食？

!!

森巴你為甚麼老是在我前面擋着我？

面

食

讓我解釋一下面食的原理吧……

哈

這算是甚麼原理啊？

讀者的眼睛

砰!!

這個漫畫的作者愈來愈無聊……

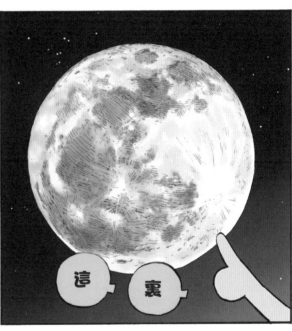

從地球看上去，
深色的部分稱為「月海」
是指月球上比較低窪的平原。

月球上並沒有真正的海洋……

游

水

上到月球後你們就會見到了！出發吧！

Yeah!

但……我們還未準備行李啊……

不用了都我全都幫你們準備好！

先換上這件太空衣吧！

呀！

很醜啊！

可能是髮型不合適，我幫你改變髮型吧！

不是髮型的問題啊！

那麼應該是樣子的問題，我幫你改變五官吧！

更加不是樣子的問題啊！

23

25

上月球
不用疊
石頭的……

坐太空船
吧！

太空船流星號登場！

啪——

呀～～！！

可惡！！
又中了雀屎！！

外形很醜……

好
酷

太陽給予我們的光和熱

啊？

我們每天抬頭便看見太陽，到底太陽給予了我們甚麼？如果太陽消失了，地球會變成怎樣？

間接提供氧氣

植物需要利用光線進行光合作用，在白天透過葉綠體吸入二氧化碳後轉化成能量，再釋出氧氣。

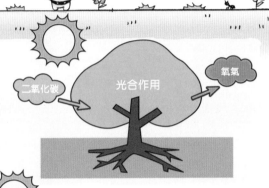

二氧化碳　　光合作用　　氧氣

提供可再生電能

雖然太陽距離地球有1.5億公里，但太陽光到達地球後可直接或間接轉化為電能，屬潔淨的可再生能源，對人類無害。

妙用紫外線

太陽會釋放不同波段的輻射，包括肉眼看不到的紫外線。接觸適量紫外線有助身體製造維他命D，也促進鈣質吸收。

紫外線根據不同波長分為UVA、UVB及UVC，當中波長最短的UVC可破壞微生物的DNA（脫氧核糖核酸），令細菌不能繁殖，具殺菌效果。

分辨日夜與四季

地球有一半面向着太陽是白天，另一半就是夜晚。然而地球會由西向東自轉，所以面向及背向太陽的地方會持續變化，每轉一圈需二十四小時，經歷了一晝一夜，即為一日。

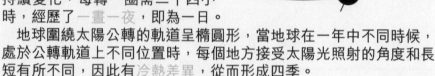

地球圍繞太陽公轉的軌道呈橢圓形，當地球在一年中不同時候，處於公轉軌道上不同位置時，每個地方接受太陽光照射的角度和長短有所不同，因此有冷熱差異，從而形成四季。

熱
間接提供水分

太陽能釋放大量熱能傳送至地球。太陽的溫度不僅為萬物帶來生機，其熱力更蒸發地殼上水分，形成雲，當積聚至一定重量便化成雨水，滋養植物，也為人類及動物提供水源。

太陽消失了會怎樣？

啊！天色突然變暗了？

科學家預計，太陽還有約50億年壽命，如果確有其事，屆時地球以至太陽系會變成怎樣？

非立即步進黑暗

太陽的光要傳送至地球需時8分20秒，所以當太陽熄滅，人類不會馬上察覺，而是數分鐘後陽光才逐漸消失。溫度則會慢慢下降至零下數十度至一百度，地球進入冰河時期。

引力消失

太陽龐大的質量產生巨大引力牽引着八大行星，當太陽熄滅，引力也會隨之消失，各行星就會偏離本來運行軌道，造成大混亂。

第二回
和月兔的競賽

到時我便成為
月球岩石大富翁了！

哈哈哈！

哈——

別碰我的
岩石！

吃完午餐我們便要去另一邊遊覽了！

另一邊？

對……月球的暗面!!

黑暗世界？

?

不用擔心。

這只不過是從地球上看不到的月球另一面。

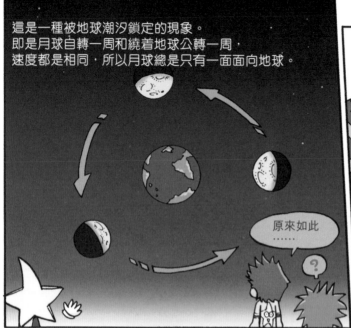

這是一種被地球潮汐鎖定的現象。
即是月球自轉一周和繞着地球公轉一周，
速度都是相同，所以月球總是只有一面面向地球。

原來如此……

我們乘交通工具過去吧！

啊

流星人變了一輛車？

不不不，
我是不會
讓你坐上去的……

嘩——

飛吧！

流星人說會去地球帶一個最好玩的人來陪我玩……

唉，這麼久……

一說流星，流星就到？

先躲一下！

讓我躲起來看看他的表現吧。

和剛才那一面沒有甚麼分別啊……

49

51

53

難得一見的日食

白天突然變暗並不是凶兆，而是日食現象啊！日食可根據月球的覆蓋面分為四種。

日全食

太陽直徑雖然比月球大400倍，但與地球距離同樣為月球的400倍，故此當月球與地球和太陽呈直線時，月球可完全覆蓋太陽光亮的圓盤，這時用肉眼都能直接觀看日冕（太陽最外層的光環）。

日全食過程（食相）

①初虧：月影剛開始侵蝕太陽，形成日偏食。

②食既：月亮繼續向東運行，當月亮東沿與太陽東沿重疊，太陽完全被遮擋。

③食甚：月亮中心移至與太陽中心重合的位置，日全食達至極點。

④生光：月亮繼續移，太陽再次露出，發出光芒。

⑤復圓：太陽圓盤完全恢復，日全食結束。

日偏食

月球運行至太陽和地球中間，地球落在月球的半影區內，部分太陽會被月球遮擋，其餘部分仍然發光。

日環食

月球距離地球較遠，不能完全覆蓋太陽，所以太陽的中心部分黑暗，但邊沿仍然明亮，形成光環。

全環食

亦稱「混合食」，由於月球運動，令地球與月球間的距離在數小時內發生微小變化，導致一次日食會出現日環食及日全食，但這個現象非常罕見。

日食常見嗎？

日食並不罕有，每年大約會發生兩次或以上，但由於月亮影錐細長，落到地球後所佔面積很小（約為地球的萬分之一），可看到日偏食的地方不多，日全食更是少之又少，部分地區要相隔逾二百年才可遇到一次日全食。

香港上次能觀賞日偏食的日子為2020年6月21日，預測下次日期為2023年4月20日，同樣為日偏食。

第三回
獅子捉兔子

58

太陽是一個不斷燃燒着的星體，只是表面已經有接近6000度……

沒有生物可以接近它……

我的火是可以任我隨意控制的，所以你才能這麼靠近我啊。

這裏沒有空氣也可以燃燒？

很

暖

漫畫世界嘛。

那麼我們去玩遊戲吧!!

好

咇～～～

61

立正！

來挑戰我吧！森巴！

第一回合！獅子捉兔子！

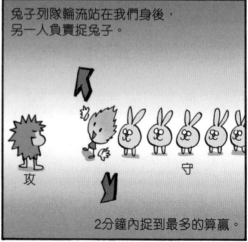

兔子列隊輪流站在我們身後，
另一人負責捉兔子。

攻

守

2分鐘內捉到最多的算贏。

65

拋走所有兔子，想放棄嗎？

似乎是了……

那麼我隨便捉一隻吧！

叮一

噗一

耶～～我贏了！

可惜啊，辛辛捉到兔子前已經夠鐘了！

甚麼—!!

森巴你可以停了！

可惡呀！原來跳舞是用來拖延時間！

哈——

今場比試，大家零比零，打和！

你這個地球人果然不簡單。

我從來未試過在這個遊戲中打和的……

嘻

實在令我熱血沸騰……

75

辛辛好勝心強，
喜歡和別人比試，從而
得到勝利的快感。

所以我要找個能力
和他相若的人來
跟他比試，而且……

最有實力的人

他應承我如果他
輸了的話……

就肯返回
太陽了！

這樣太陽神
便會息怒……

所以為了減輕地球
暖化問題，
森巴一定要儘快
贏到辛辛!!

哇—

這裏便是我們
第二場比試的場地。

洞

吱吱——

今場比試「打怪獸」！

一人一個蘿蔔鎚，限時5分鐘，看誰打得多。

好

玩

咦？負責計分的流星人去了哪裏？

剛

地球的自轉

我們都知，地球自轉一周是為一天，需24小時，但有科學家發現，近年地球的自轉速度加快了呢！

很

大

自轉加快

1960年代，科學家發明了精準的原子鐘以計算地球自轉時間，自轉一次標準為86400秒，但受潮汐作用、全球暖化等因素影響，地球自轉速度時快時慢，在過去數千年，地球轉速減慢，自1972年至2016年，每年須增加閏秒以調節時間。

有研究發現，由2020年起地球轉速稍為加快，每天幾乎短了1.4602毫秒，科學家正在研究，是否要實行「負閏秒」。

photo credit: Mechatronics Guy

←原子鐘一種。

速度不同有何影響？

雖然增加或減少一秒，我們不易察覺，對日常生活也沒有影響，不過對於須與宇宙時鐘一致的通訊衛星、電腦、導航系統、網絡伺服器等來說，改變秒數容易引致系統大混亂。

潮汐作用

　　地球有超過7成面積被海水覆蓋，海洋每天早晚各有一次水位漲落，白天上漲稱為「潮」，晚間上漲稱為「汐」，原來這個現象也跟月球及地球有關。

月球之引力

　　月球雖比地球小，但距離地球亦近，所以地球會受月球引力影響。

　　地球上靠近月球那一邊的海洋，會受引力牽引而令水位升起，形成滿潮，而地球相反的另一端會因為地球自轉產生離心力，也形成滿潮現象。相反，另外兩端的水位會下降，產生乾潮現象。這種橢圓形的海水面便稱為「潮汐橢圓」。

月球

海水

乾潮

滿潮

地球

滿潮

乾潮

海平面上發生的變化，除了因為周期性的潮汐作用，也會受風向、氣壓等影響，所以海世界是變幻莫測的啊！

潮汐鎖定

　　月球受地球的潮汐力影響，使月球的自轉速度減慢，導致月球的自轉周期和圍繞地球的公轉周期速度一致，令月球永遠以同一面面向地球。這種像是地球以無形的繩子牽引着月球運行的現象，就稱為「潮汐鎖定」。

　　相對地，月球雖小，但對地球也有一定的潮汐力，使地球的自轉速度也逐少減慢。

第四回
月亮女王登場

這是……

呀～

為甚麼月球上
有這麼大的怪物的？

那是來自
土星的皇帝
啊……

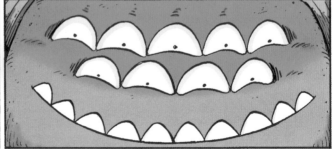

85

呵呵～
打不中～
月之地鼠反應
很快的。

鳴

噗！

可惜啊，
又錯過了。

啊～～爛了……

·············

·····

別走～

地鼠

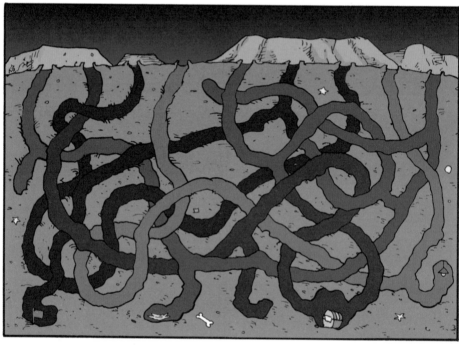

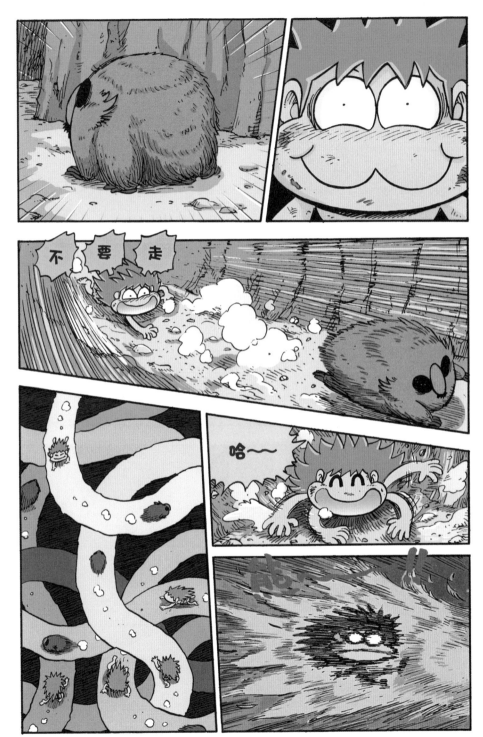

哈，中計了!!

等我將這地底
世界變成火海……

迫地鼠出來！

熊～～～……

找到
你了！

咬

熊

哈～
我贏了！

可惡!!
要回
太陽了!

好吧,反正我已經放假放了很久,收火、收火……

到現在還不知道流星人去了哪裏,我不等他了。

先走了!

熊川～！

我現在……
又不想……
……回家了～

你好！
我是太陽王子
辛辛，幸會！

啊，
你好。

我是在這裏
管理月球的
月亮女王彎彎。

初次見面，
多多指教。

請嫁給
我吧！

我會從眾多候選人中
抽十位出來，再看看誰
和我最相襯……

我 又 要

這不是
遊戲啊！

沒問題！

名額
100名，
先到先得。

哈

我手上
的是98號
……

呵呵呵，我終於
趕到了……

月亮女王，我帶了禮物
送給你，請你嫁給我吧！

月球之形成

一直以來作為天然衛星守護着地球的月球，到底是怎樣形成的呢？科學界眾說紛紜。

撞擊論

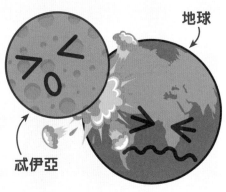

地球

忒伊亞

最廣為接納的一個學說。早於約40億年前，太陽系剛形成，一個如火星般大小的星體忒伊亞，衝向仍是熔岩狀態的地球，這次撞擊使地球噴出大量物質，並逃逸至太空，經過重整後在環繞地球的軌道上組合成一個個體，形成了月球。

捕獲論

有學者認為，月球本為獨立行星，當運行至地球附近時，被地球強大的引力捕獲，成為圍繞地球運行的衛星。

分裂論

太陽系形成初期，地球和月亮原是一個整體，由於潮汐作用，地球自轉速度快，在赤道面附近形成膨脹區，部分物質被甩出地球外，組合後形成月球。

同源論

學者認為地球和月亮是在太陽星雲凝聚過程中同時誕生的兄弟，因為兩者相距較近，形成過程相似。

月球與大氣層

　　大氣層是指受重力吸引籠罩在擁有巨大質量星體周圍的氣體，地球的大氣層以氮、氧、氬及二氧化碳組成，是孕育生命的重要泉源。

月球有沒有大氣層？

　　月球引力只有地球的六分之一，雖然也有大氣層，但極為稀薄，普遍認為月球是處於真空狀態，不適合人類居住：

- 缺乏氧氣。
- 缺乏大氣層阻隔，月球白天受陽光照射時可高達120度，晚上則下降至零下180度。
- 大氣層稀薄，月球直接受太陽照射，缺乏水分。雖然後來科學家證實月球上的隕石坑有冰的存在，也在月球表面發現水分，但每噸土壤含有不足半公升的水，難以支撐人類生存。

月球上的腳印

這是傳說中的「太空人一小步」。

　　1969年，阿波羅11號實現人類登月夢想，太空人成為首批踏足月球人類，岩士唐更發表「個人一小步，人類一大步」名言。

　　薄弱的大氣層令月球沒有風雨，也欠缺液態水流沖刷，也沒有火山活動的破壞，除非受隕石撞擊或太陽風侵蝕，否則太空人留下的腳印基本上長時間都不會消失。

photo credit: pingnews.com

第五回
誰是新郎？

歡迎來自宇宙各處的100位候選新郎！

所有人都集齊了！

讓我先介紹一下這個地方吧！

你們身處的這個地底宮殿，是我管理月球運作的基地。

MOON

月球的運行及重力等一切活動都是在這裏管理和控制。

GRAVITY

如果我發現月球內有不尋常活動……

我會親自去調查一下……

唔……不知道為甚麼剛才地底會着火的？

幸好拍不到我們……

介紹完畢，是時候進行大抽獎了!!

有請我的新助手拿出抽獎箱!

謝謝助手A
和助手B。

為甚麼不反抗，
要聽月亮女王
說話啊？

哈～～忍耐
一下吧。

我還有任務要完成啊……

不知道第一位幸運兒
究竟是誰呢？

抽我吧

抽我吧

抽我抽我抽我

森巴……你為何這麼緊張啊？

抽大獎

這不是抽獎品啊！

你幹甚麼？

千萬不要讓辛辛成為新郎……否則他會留在月球，不回太陽了……

所以要將辛辛的票……

98

消除！

這樣他便沒機會留在月球了～

嘎，安心了～！

……

109

111

112

不如你跟我
交換吧！

99號!

我會為你實現
一個願望，
換你的票……

啊

唔……

呀

我 要 做 你

甚麼？

太 陽 森 巴

唔……
也可以吧。

113

115

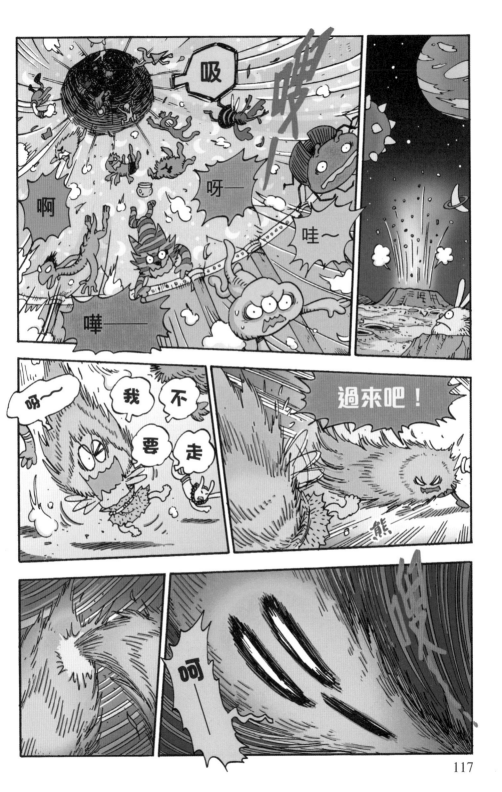

118

啊，是森巴的聲音？

哈，不是不是。

森巴已回到月球表面了……

……

那麼～～

十強比賽可以開始了！

鬥甚麼好呢？

助手們有沒有提議？

作為你丈夫，要具備甚麼條件？

A

B

我最喜歡快樂的感覺，那能量能令我保持心境青春……

那麼……

不如就來個天才表演比拼吧！

好啊

121

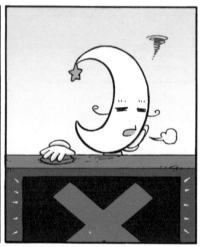

怎樣也逗不到她笑，
究竟她喜歡看甚麼表演？

唔

呀 不 如 這 樣

喂！不要
讓人看見呀！

出局！
下一位！

到我們了。

我是99號辛辛，
現在表演跳火圈。

很像森巴……

‥‥‥

嗶

125

126

啊～
失儀了～

不好意思
……

我現在
宣佈——

辛辛
出線!!

耶～!!

下一位!

這次糟了……
難道辛辛
真的會成為
新郎?

現在連月球
也變得愈來
愈熱了……

由於彎彎已戳中
了笑穴……

APPLE

PEN

她對餘下候選者的
表演都忍不住笑,
所以……

森巴你知道嗎？

……

那麼……

2……34……
68……107……？
年齡是怎樣算的？

地球……46億年……
隕石相撞……
殘留物形成……

我知道！
是44.7億歲！

淘汰！雖然
真的是差不多
這個年紀……

我猜大約
是……34歲？

這個答案比
剛才的好，但
我仍覺得有點老……

彎彎女王……

火焰
昇巴掌！

呵

轟——！

看來這裏
要維修了⋯⋯

森巴快出來吧！

好 玩

呀！

既然已經成為了夫妻，
我應該要給你看真面目了。

啊？

嗚～任務
失敗了⋯⋯
我怎向太陽神
交代啊～～？

辛辛

彎彎

他一定
很憤怒了⋯⋯

沒辦法吧，
地球總會有
滅亡的一天。

落妝！

131

FiN.

從月球拍攝地球

這個只是流星號呢⋯⋯

說到太空船，又怎可不提阿波羅8號？太空人當時拍攝到的地球照片，竟然影響全球至今呢！

難能可貴的一幕

1968年，三名美國太空人乘坐阿波羅8號，進行人類首次圍繞月球軌道任務。原定為月球拍攝地形照片，以作日後登陸月球作準備，途中遇見地球從月球地平線上緩緩升起，太空人Bill Anders以彩色底片拍下這珍貴一幕。

photo credit: LBJ Library

背後的意義

雖然這非首次由月球拍攝地球，卻是首張由太空人親自拍攝的照片，別具意義，而這幅珍貴照片先後登上《時代雜誌》封面和印成郵票，引起全球關注，更喚起保護地球的意識，啟發環保團體於1970年起舉辦「世界地球日」活動，宣揚環保訊息。

世界地球日標誌

Earth Day
April 22

←世界地球日定於4月22日，每年有不同主題，全球環保分子會以不同形式宣揚環保觀念，包括不駕車、撿垃圾、自備餐具等。

133

月球的背面

我們從地球看月球，總是只見到月球正面，究竟月球的背面是怎樣的呢？

密密麻麻的隕石坑

我們原本只知道，月球正面有許多由火山活動形成的低窪平原「月海」，直至由1959年前蘇聯的月球3號探測器、1968年美國的阿波羅8號及2019年中國的嫦娥4號拍攝得來的影像，才得知月球背面滿佈

photo credit: Sergio Calleja(Life if a trip)

大大小小的隕石坑，當中以背面南極的艾特肯盆地為太陽系最大隕石坑，直徑約達2500公里。

中國嫦娥4號是首個着陸於月球背面的探測器，由於這裏不能接收訊號，須透過預先發射的中繼衛星「鵲橋」跟地球聯絡。是次任務包括利用深測車「玉兔2號」進行巡視探測，開展月球背面低頻無線電天文觀測，研究月表淺層結構等。月球地形崎嶇，玉兔2號仍克服重重障礙，至2022年1月，總共行駛距離超過一千米。

隕石坑之形成

這裏麼麼是我們第二場比試的場地。

月球上的隕石坑多是由小行星或流星撞擊形成，只有極少數是火山活動造成的火山口。有別於正面，月球背面地殼較厚較硬，經歷隕石撞擊，隕石坑雖然闊但普遍偏淺。

月球的確為地球擋過很多次隕石撞擊，試想想，如果沒有了這個天然衛星，地球會變成怎麼樣？

啊～

月球是甚麼顏色？

我們看到的月亮多是白色、淡黃色，究竟它本身是甚麼顏色？為何不同時候有不同顏色？

月球本色

photo credit: RSvB

我們印象中的月亮是會發光的白色球體，它之所以會發光，是反射太陽光的緣故，月球本身是呈暗淡的灰色，它只能反射來源光約13%，只是在漆黑的夜空中，只得月球面向光源，所以才覺得它是明亮的白色。

而當大氣中的灰塵、懸浮顆粒較多的時候，太陽中的藍、青、紫光會被吸收或散射，紅、黃色穿透力強，就會變成黃色月亮。

出現月全食時，地球大氣層會將太陽的紅色光線反射到月球，所以會呈暗紅色。

藍月亮是不祥之兆？

photo credit: different2une

藍月亮不是常見現象，由於大氣中污染情況嚴重，煙塵顆粒直徑達1微米，會反射光線中波長較長的紅、黃、橙、綠光，只有波長短的藍、紫光通過，所以月球會變成藍色。但造成空氣污染的主因多是火山爆發或森林大火，所以藍月亮的出現都會被視為災難的象徵。

英語中的「once in a blue moon」就有罕見、千載難逢的意思。

科學知識系列

森巴STEM 第4集 太陽與月亮的知識

編繪：姜智傑　原案：森巴FAMILY創作組

監修：陳秉坤　　編輯：蘇慧怡、郭天寶

設計：麥國龍、陳沃龍、黃卓榮

出版
匯識教育有限公司
香港柴灣祥利街9號祥利工業大廈2樓A室

承印
天虹印刷有限公司
香港九龍新蒲崗大有街26-28號3-4樓

發行
同德書報有限公司
九龍官塘大業街34號楊耀松（第五）工業大廈地下
電話：(852)3551 3388　　傳真：(852)3551 3300

第一次印刷發行　　　　　　　　　　　　　　2022年7月
"森巴STEM"　　　　　　　　　　　　　　　　翻印必究

ISBN : 978-988-75650-3-1
港幣定價 HK$60
台幣定價 NT$300

發現本書缺頁或破損，
請致電25158787與本社聯絡。

網上選購方便快捷　　購滿$100郵費全免
詳情請登網址 www.rightman.net